孩子，你要学会强大自己

超自信

信心满满放光芒

苏星宁 著　方寸星河 绘

北京理工大学出版社

BEIJING INSTITUTE OF TECHNOLOGY PRESS

图书在版编目(CIP)数据

超自信,信心满满放光芒 / 苏星宁著;方寸星河绘 .
北京:北京理工大学出版社,2025.3.
(孩子,你要学会强大自己).
ISBN 978-7-5763-4002-0

Ⅰ . B848.4-49

中国国家版本馆 CIP 数据核字第 2024T9E226 号

责任编辑: 徐艳君　　**文案编辑:** 徐艳君
责任校对: 刘亚男　　**责任印制:** 施胜娟

出版发行 / 北京理工大学出版社有限责任公司
社　　址 / 北京市丰台区四合庄路 6 号
邮　　编 / 100070
电　　话 / (010) 68944451 (大众售后服务热线)
　　　　　　 (010) 68912824 (大众售后服务热线)
网　　址 / http://www.bitpress.com.cn

版 印 次 / 2025 年 3 月第 1 版第 1 次印刷
印　　刷 / 三河市华骏印务包装有限公司
开　　本 / 880 mm x 1230 mm　　1 / 32
印　　张 / 5.375
字　　数 / 120 千字
定　　价 / 168.00 元 (全 6 册)

图书出现印装质量问题,请拨打售后服务热线,负责调换

●第一章●

认知篇：你是个足够自信的孩子吗？

●第二章●

思维篇：建立自信思维的六个方法

●第三章●

行动篇：通过行动建立自信的五个秘诀

●第四章●

能力篇：打造获取自信心的五大关键能力

第五章

应用篇：不断挑战，让自己变得内心强大

第一章

认知篇：
你是个足够自信的孩子吗？

① 你能认清自己的优点吗？

成长的烦恼

有一次上课，班主任让大家说说自己的优点或特长。同学们争先恐后地说着自己的优点，比如爱唱歌，会画画，喜欢打篮球，爱读书等，我只能干坐在座位上，一言不发。和同学相比，我感觉自己太过普通，根本没有任何优点可言。我有点伤心，难道我真的连一点优点和特长都没有吗？

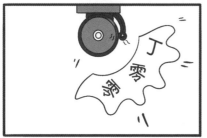

我真的找不到我有什么优点……怎么办呀？

睿睿，先想想自己喜欢什么。

你看，茜茜以前喜欢各类舞蹈节目，后来去学了芭蕾舞。

呀！我爱写字啊！

我想了好久才想到，我写的字好像还不错。

对呀！你写的字干净、工整又美观。

我记得你还拿过硬笔书法比赛的一等奖呢！

春晓
春眠不觉晓，
处处闻啼鸟。
夜来风雨声，
花落知多少。

我终于找到自己的优点了！

心理学家和你聊聊天

我一直在进步，我相信我一定会形成自己的优势的。

妈妈说我什么都不行，我太没有用了……

 VS

你是否也觉得，自己对很多才艺都不怎么精通，学习成绩也不怎么好，根本找不出自己突出的优点？觉得别人都比自己优秀，比自己厉害，自己就是一个庸庸碌碌的人？

其实，正确地认清自己的优势真不是一件容易的事情，就像古诗里面说的"不识庐山真面目，只缘身在此山中"。很多时候，我们不善于了解自己，对于自己的优点、兴趣、性格等，无法做出客观的评价——甚至很多人都没有认真地去了解和观察过自己！

殊不知，我们每个人都会有自己的优点：也许你并不善于唱歌跳舞，但是你的体育可能不错；也许你的学习成绩并不名列前茅，但是你画画可能挺好；也许你不是那种能说会道的孩子，但是你能够认真倾听别人讲话，非常有耐心……

我们一定要坚信，"天生我材必有用"，我们每个人都一定有自己的优点！如果你现在还没发现自己的优点是什么，那就多多观察、多多发现吧！

心理学家给你的建议

怎样才能更好地认清自己，并找到自己的优点呢？

1 多观察和"记录"自己

你喜欢什么？有什么想要坚持下去的兴趣爱好？哪些方面做起来更轻松？做什么事情更有激情？今天发生什么让自己开心或者骄傲的事情……如果你不善于观察自己，那就每天回顾、反省或者写写日记，记录下生活和学习中的点滴，时间久了，就能从中找到自己的兴趣或优点。

2 先从寻找小的闪光点开始

可能对于现在的你来说，有些优点并不是太明显，但是只要你善于分析，发现自己哪怕很小的闪光点，或者一个不愿放弃的兴趣，然后不断地练习、精进，就能将其培养成自己优点。比如，你的想象力比较丰富，那么你可以试着去写故事，时间长了，你的写作能力就可能是你的优点了。

我相信自己一定有闪光点！

3 听听别人怎么评价你

在生活中，熟悉的家人、朋友和老师，对你会比较了解。正所谓"当局者迷，旁观者清"，通过别人的评价来认识自己的优点也不失为一个很好的方法。如果你还找不到自己的优点，不妨问问他们，他们可能会给你意想不到的答案！

我有什么优点？

你写的字很漂亮啊！

每天进步一点点

　　自信是人生道路上的灯塔，照亮着我们人生的坐标。自信蕴育着强大的力量，是一个人激昂向上的必需品。做一个自信的人，拥有"天生我材必有用"的气势，自信地对待遇到的每一件事情，使自己强大起来。

　　你今天对待事情足够自信吗？

每日收获

写下我的小故事

② 你非常在意别人对你的看法吗?

成长的烦恼

　　体育课上，老师动员同学们参加跑步比赛，我也跃跃欲试。我因身材瘦小被同学奚落，说我的成绩肯定会垫底，我非常难过。本来我信心满满，但被同学说得我都不敢正视自己了。我有些失落，别人不经意的看法总会影响我，难道我那么在意别人的看法吗?

说说我的故事

皓皓,别人评价你时,总会放大你的不足,可他们说的并不一定对。

妈妈,同学因为我瘦小,觉得我跑步会垫底……

妈妈帮你倒计时,咱们多练习!

我一定可以的!

皓皓跑得好快呀!加油!

跑步比赛

加油!

心理学家和你聊聊天

做好自己就好了，不要在意别人的看法。

同学说我太瘦小，跑起来太慢了，难道我真的这样吗？

　　有一句老话叫"自知者明"，讲的是如果我们能够正确地进行自我评价，就能够从中获得自信，不会因为别人的褒贬而迷失自我。但如果在自我评价时不够全面成熟，我们就会陷入自我怀疑的旋涡中，难以认识真实的自己，丧失对自己的信心。

　　别人的评价之所以能对你产生很大的影响，是因为我们对自己没有一个清晰的认识。在自己都不了解自己的情况下，你当然就会十分在意别人的评价，会因为一时的成功而激动万分，也会因为暂时的失意而垂头丧气。

　　没有一个人是完美无缺的，也没有一个人是一无是处的，别人对你的评价，只是针对具体的事情。我们没有必要因为他们的表扬而过分兴奋，开心得上蹿下跳；同样在受到批评时，我们也应该冷静地去接受，思考之后改正。

　　如果你很在意别人的评价，那么何不先听听自己对自己的看法呢？去试试吧，相信你会发现不一样的自己。

心理学家给你的建议

怎么样才能更好地面对他人评价，并作出正确的自我评价呢？

1 心平气和地对待别人的赞赏和批评

生活中，你要正确面对赞美与批评。当你遇到赞美时，不要得意洋洋，到处宣传；当你遇到批评时，一定要冷静下来分析问题出在哪里，如何纠正。

他们都说我不行，难道我真的不可以吗？我得好好想想。

2 拒绝去依赖别人的意见

生活中，很多人都很关注别人对自己的看法，并用其补充自己的观点，甚至有时候都不在乎自己的想法，总认为别人的意见比自己的好。如果你也这样，那就试着去拒绝别人的意见，让别人成为旁观者，自己的事情让自己来主导。

我的事情我自己说了算，我一定可以的。

3 把注意力放在自己能掌控的事情上

生活中，你所遇到的事情只有两种，一是你可以掌控的，二是你不可以掌控的。像别人的意见、看法以及背后的奚落与嘲笑，都是你无法掌控的，不要去理会。像你自己的是与否、进与退都是可以去掌控的，不妨把注意力放到这上面来。

我不会再理他们的想法了，我要做我自己能做到的。

每天进步一点点

自信是人生道路上的灯塔，照亮着我们人生的坐标。自信蕴育着强大的力量，是一个人激昂向上的必需品。做一个自信的人，拥有"天生我材必有用"的气势，自信地对待遇到的每一件事情，使自己强大起来。

你今天对待事情足够自信吗？

省级演讲比赛

每 日 收 获

写下我的小故事

③ 你喜欢做有难度有挑战的事吗?

成长的烦恼

　　本周的班级黑板报制作要开始了,同学们都争先恐后、跃跃欲试,最后班主任竟把这个艰巨的任务交给了我。但是,我从来没有做过黑板报,一点儿经验也没有,于是我犹犹豫豫,不知道该怎么办。我不禁怀疑,难道我连挑战自己的勇气都没有吗?

说说我的故事

班会

哪位同学来设计本期"阳光校园"黑板报？

老师，我来画！

选我！

我也想画，可我一点儿经验也没有，唉……

好啦！大家都很积极，这次让睿睿试试吧！

我喜欢做有难度的事，这样才更有挑战。

这件事太难了，我肯定做不到，还是放弃吧。

　　一个人的思想决定一个人的命运。不敢向高难度的事情挑战，是对自己潜能的画地为牢，这样只会使自己无限的潜能化为有限的成就。而一个自信的人，却往往能焕发新的活力，迎难而上。

　　假如你总是不求上进，只是喜欢做一些简单的、不必费心思花力气的事情，或者仅满足于一点成绩，那么，你便只会停留在这一个层面上，永远得不到长远的发展。

　　其实，无论是在生活中还是在学习中，你都要学会逃离自己的舒适区，不要总是想着做自己熟悉的事情，不然久而久之，你就没办法走出自己的圈子，遇到有点困难的事情，就吓得退了回去。每个人都有不愿意面对的情况，选择逃避也许可以得到暂时的放松，但是胆怯会把你拉入懦弱的深渊。如果你想改变，方式有很多，首先要做的就是勇敢，最具挑战性的事莫过于挑战自我，不要回避苦恼和困难，挺起胸膛迎接它、克服它吧！

心理学家给你的建议

怎样才能更好地去挑战有难度的事呢？

学会分解任务，让复杂的挑战简单化

如果觉得某项任务有些艰巨，不妨试着分解细化，将复杂的问题简单化，就不会被眼前"巨大"的困难吓倒了。而且每完成一个小任务，我们就会更有信心，更有成就感。

问题要一步一步地解决，大事变小，难事变易。

鼓励自己，试着踏出第一步

万事开头难，大多数人的通病就是犹犹豫豫不敢向前，有徘徊的时间，不如把精力放在当下，多尝试着迈出第一步。当你遇到有挑战的事时，不妨尝试着去做，做不成就权当积累经验了，做成了说不定还会有别样的惊喜。

当我踏出第一步，就已经走在成功的路上了。

寻找机会表现自己，让自己更自信

为什么胆怯常伴左右？也许是历练不够。青蛙永远待在井底，怎么能看到辽阔的天空？只有多找机会去表现自己，才能更好地突破自己，游刃有余的能力重在一朝一夕的锻炼与一次次的突破。

这次，我一定更加努力地表现自己。

每天进步一点点

自信是人生道路上的灯塔，照亮着我们人生的坐标。自信蕴育着强大的力量，是一个人激昂向上的必需品。做一个自信的人，拥有"天生我材必有用"的气势，自信地对待遇到的每一件事情，使自己强大起来。

你今天对待事情足够自信吗？

省级演讲比赛

每 日 收 获

写下我的小故事

④ 如果犯了错你敢于承认吗?

成长的烦恼

　　有一次课间,在和同学玩耍的时候,我不小心把同桌的钢笔摔坏了,我下意识地捡起钢笔偷偷地放在了同桌的抽屉里,表面装作若无其事的样子,但内疚感很快涌上心头。难道我犯了错误不敢承认吗?连承担这点责任的勇气都没有吗?

说说我的故事

骏骏,下节课是体育课,我们一起去练球吧!

好呀!

哈哈,足球可是我的最爱!

啊!

不如把钢笔偷偷放在同桌的抽屉里吧……

同学知道了应该会生气,怎么办?

我的钢笔怎么坏了呀,呜呜……

儿子,今天怎么闷闷不乐的?

我今天把同学的钢笔摔坏了,我没敢跟他说……

儿子,承认错误不是一件容易的事情。

但你要勇于面对错误!

可都过去了,我再认错好尴尬啊。

骏骏,咱家书房正好有支新钢笔!

那我陪他支新的。

对不起睿睿,赔你这支新钢笔!

多大点事!

犯错不可怕,我们要正视它,承认它,改正它,这样才能成为更好的自己!

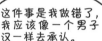

这件事是我做错了，我应该像一个男子汉一样去承认。

这件事虽然我做错了，但是没人看到，只要我不承认就不会有人知道的。

　　自信的人能够正确地面对自己犯下的错误，并且勇于承认错误和承担后果，从而得到别人的原谅和认可。而缺乏自信的人则会不自觉得逃避责任，并试图找个理由弥补自己内心的愧疚。

　　当你犯了错误，是否会下意识地为自己寻找理由，不让责任压到自己头上？是否会感到胆怯，不敢直接面对它？又或者害怕接受别人对你的批评，更害怕听到别人对你的否定？你的心情是不是不安又尴尬，不知所措呢？

　　其实，不管大人还是孩子，敢于直面错误并勇于承认真的是一件不容易的事。有时候，人在犯错误后往往会因为怕被责备、批评或虚荣而退缩，只想着逃避，而无法做出正确的选择。

　　然而，没有人生来是完美的，谁人无错，谁人又不会犯错？要知道，我们的人生正是因为这些不完美而完美。所以，不必因为做错事而烦恼，正视它、承认它、改正它，你将会是一个崭新的自己。

心理学家给你的建议

怎样才能承认错误，承担责任呢？

寻求最信赖的指导

在你还没有形成主动承认错误的习惯之前，应寻求心灵导师的帮助。在生活中，熟悉的家人、朋友、老师等最信赖的人是你心灵导师的首选。你可能不敢跟其他人诉说你的错误，但可以跟他们说，让他们督促和帮助你勇于承认错误。

就这么直接承认错误太难为情了，问问妈妈有什么好办法。

承认错误并加以改正

孔子说："过而不改，斯谓过矣。"意思是说：犯了一回错不算什么，错了不知悔改，才是真的错了。也许现在的你没有能力把每件事情处理得井井有条，但你需要承认错误并加以改正，久而久之，你就会发现你的不同。

我觉得我好像应该去承认错误并加以改正！

从他人身上吸取经验

要想知道河的深浅，必须问问过来人。通过观察或者询问别人犯错后的做法，与自己做一个对比，从中吸取别人的经验与教训，进而有则改之，无则加勉，让自己变得更好。

我记得班长上次是通过纸条留言给萱萱道歉的，我也试试吧。

自信是人生道路上的灯塔，照亮着我们人生的坐标。自信蕴育着强大的力量，是一个人激昂向上的必需品。做一个自信的人，拥有"天生我材必有用"的气势，自信地对待遇到的每一件事情，使自己强大起来。

你今天对待事情足够自信吗？

省级演讲比赛

每 日 收 获

写下我的小故事

5 你敢于表达自己的想法吗?

成长的烦恼

　　数学课上,各小组在讨论解题思路。小组长带头,把他的思路完完全全地给我们讲解了一遍。我欲言又止,想表达自己不同的思路,却一次次始于心头,终于嘴边,最后只能放弃,认同了组长的思路。我心中十分郁闷,为什么我不敢表达自己的想法?难道我是一个没有主见的人吗?

28

我觉得我的想法是对的，我一定要说出来。哪怕是错的，也会让我吸取经验。

我和组长的想法不一样啊，组长学习那么好，我的肯定错了，就不用说了。

有主见是一个人具有独立人格的基本特征之一。有主见的人遇事会冷静思考，沉着应对，总能把事情处理得当。而没有主见的人，往往缺乏独立思考的能力，很容易被别人同化。

心理学中的"韦奇定律"告诉我们，许多伟人之所以成功，主要是因为不轻易被别人左右，这源于他们比别人看得更高，想得更远，更坚定地忠于自己做出的选择。

没有主见的人，经常会在内心产生自我否定的想法。而事实上，这个世界永远被各种各样的否定包围着，很多人都认为这样的事情不可能实现，那样的构思根本就是异想天开，却不知道正是人类的勇于探索和想象，已经把很多不可能变为了可能。

因此，当我们对未来有了美好的憧憬和希望时，千万不要因为自己没有主见而放弃对它的追逐，不要在乎别人说什么。人生就像一个蜜桃罐头，为了能够享受到属于自己的甜美收获，还是让我们在别人都放弃的时候再坚持一下，告诉自己一定能做到。

心理学家给你的建议

怎样才能拥有主见，表达自己的想法呢？

1 要有自己的想法

学会思考，形成自己的想法，才能得出自己的观点。很多人习惯了盲目跟从别人以后就很难改过来。所以，在最开始的时候，哪怕你对一件事情的想法不完全正确，也是可以的，至少你心里已经有了答案，后来继续探究就行了。

用知识武装自己！永远保持一颗好奇且热情的心！

2 要认同自己的想法

有了自己的想法后，还得找到自我认同感。很多人没有主见，主要是因为他们不相信自己的想法。遇事犹犹豫豫，没有坚定内心的人，瞬间就会被击垮。如果连自己的想法都不相信，甚至去怀疑，那么就会很容易被别人的意见左右。

我要学会独立思考，不断提高自己的判断能力！

3 要将想法大胆地表达出来

要勇敢，要有自信。每一次表达都是一次自我拯救。有些人有想法，但是并不敢表达出来，只在内心挣扎，这是没用的。你至少要将想法表达出来，让别人知道，结果才可能有所不同。

不惧怕失败，勇于承担失败的后果，是有主见的开始。

每天进步一点点

自信是人生道路上的灯塔，照亮着我们人生的坐标。自信蕴育着强大的力量，是一个人激昂向上的必需品。做一个自信的人，拥有"天生我材必有用"的气势，自信地对待遇到的每一件事情，使自己强大起来。

你今天对待事情足够自信吗？

省级演讲比赛

每日收获

写下我的小故事

第二章

思维篇：
建立自信思维的六个方法

6 给自己的消极观念做个大扫除

成长的烦恼

　　数学课上，数学老师在黑板上给我们出了一道创新思维题。我读了好几遍题目，还是一点思路都没有。看着同学们七嘴八舌地讨论着，我觉得自己好笨啊，怎么就想不到这些思路？我难过得连最喜欢的篮球课都没心情上了。

●说说我的故事●

上课啦！

这节课我们来讨论一道创新思维题！

创新思维题目：

这道题很有趣啊！

我也这么觉得！

嗯！

唉……

我还是不会……

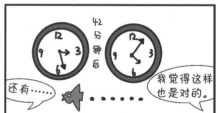

42分钟后

还有……

我觉得这样也是对的。

可以去掉！

我一点儿想法也没有。

天呐！

是我太笨了吗?

睿睿,别因为一道题否定自己! 走,去打球放松一下。

嗯! 谢谢你,皓皓!

嗯

哎呀,先不想这么多了。

哇,好高!

运动让消极情绪随着汗水释放出去!

我是个善于调节和控制自己情绪的人！ VS 难道我真是一个消极的人吗？

你是否常常抱怨生活？是否遇到问题总往坏处想？是否做事经常拖延，没有积极性？是否觉得悲观，不自信的情绪常伴左右？如果答案是"是"，那么说明消极观念在"控制"你，是时候调整心态了。

消极心态的形成是因为个体受自身或外在因素影响，而不满意自身条件或能力，进而造成自信心的缺失。它是在学习生活中逐渐形成的，对人们的学习、生活产生消极影响的心理状态。然而，情绪本没有好坏之分，那些给我们造成困扰的所谓的负面情绪，其实是我们的一种自我保护，我们需要坦然地面对它，而不是压抑或逃避它。

一个人不可能永远处在好情绪之中，生活中既然有挫折、有烦恼，当然就会有消极的情绪。一个心理成熟的人，不是没有消极情绪，而是善于调节和控制的自己情绪。青少年在成长的过程中，也要慢慢学会调节和控制自己的情绪。

心理学家给你的建议

如何才能打消消极的观念，做一个积极的人呢？

转移注意力

当你感到自己情绪消沉或者沮丧的时候，可以用转移注意力的方法去改变它，比如：出去散散步，听听音乐，打打球，或逛逛商店等，也可以向知心的朋友倾诉一下。

不想那么多了，我还是先听会儿音乐放松一下吧！

让神经也放个假

当你感到自己情绪消沉或者有些烦恼的时候，适当调整学习与休息的时间，多拿出时间锻炼身体，经常散散心放松一下，解放绷紧的神经，这样你就会忘掉烦恼，忘掉消沉的情绪。

锻炼身体让我忘掉了烦恼。

降低期望值，提高满意度

消极心态是由个体受自身或外在因素影响，而不满意自身条件或能力，进而缺少自信心造成的。那么，适当地降低自己的目标，进而使自己能够达到目标，可以重新获得自信心。

加油，我先搞明白第一步就好了。

每天进步一点点

自信是人生道路上的灯塔，照亮着我们人生的坐标。自信蕴育着强大的力量，是一个人激昂向上的必需品。做一个自信的人，拥有"天生我材必有用"的气势，自信地对待遇到的每一件事情，使自己强大起来。

你今天对待事情足够自信吗？

省级演讲比赛

每 日 收 获

写下我的小故事

7 不自信时给自己积极的暗示

成长的烦恼

　　学校要举办一次歌唱比赛，我有幸被选中代表班级去比赛。首次参赛的我心里犯起了嘀咕：我能行吗？我应该不行，全校那么多人，我只是瞎唱而已。对，我不行。但是听到同学们的鼓励，我不禁暗骂自己：为什么我不能鼓励自己？难道不能给自己一些积极的暗示吗？

同学们,我们要选出一名同学代表班级去参加歌唱比赛!

老师,我想参加!

老师!

老师,睿睿唱歌很好。

那就把这次机会给睿睿吧!

啊?!

我也想参加,但害怕拖班级后腿……

心理学家和你聊聊天

只是唱首歌而已，没什么大不了的！

VS

我能代表班级去比赛吗，别人都那么厉害……

　　心理学家马尔兹说："我们的神经系统是很'蠢'的，你用肉眼看到一件喜悦的事，它会做出喜悦的反应；看到忧愁的事，它会做出忧愁的反应。"

　　当你习惯性地告诉自己积极的事，你的神经系统便会习惯性地令你处在一种积极的心态中。所以，我们只有输入积极的自我暗示，才能塑造一个积极的自我。

　　积极的心理暗示会让你拥有碾碎一切障碍的决心和勇气，会让你拥有难以置信的坚持和忍耐，会让你不断增加勇气突破自己。其实，我们每个人都有无限的潜能，然而获得成功的人却少之又少，其中一个重要原因就是：我们很多人在日常生活中不会对自己进行积极的自我暗示，而总习惯告诉自己："我不行。""我做不到。"

　　一切限制都来自自己的内心，只要你果断地打破思想上的束缚，你就可以解放自己，超越自己！

心理学家给你的建议

怎样才能给自己积极的自我暗示呢？

1 尝试正向自我肯定

暗示时，多用肯定的语气鼓励自己，发现自身的闪光点。比如，告诉自己"我越来越有精神，状态越来越好了"，而不要讲"我再也不垂头丧气了"，这样做可以使我们始终保持积极的心态，有效地提升自信心。

感觉自己越来越有精神，状态越来越好了！

2 把自我暗示当成习惯

积极的自我暗示需要你不断地重复，这样才会让你更加坚信它，并融入你的骨子里。你可以每天尝试着鼓励自己，久而久之，你将能看到一个自信且发光的你！

我能行！我能行！我能行！

3 给自己定一个合理的期望

有些人对自己的期望非常高，比如"我一定要考第一""我一定要做得最好""我一定要跑步第一名"等，这是常见的比较不合理的期望。因此，你先要给自己定一个合理的期望，对自己的暗示不应绝对化，比如"我能行""我能做得更好""我能比上次考得更好"。

我能行！我能做得更好，加油！

45

每天进步一点点

　　自信是人生道路上的灯塔，照亮着我们人生的坐标。自信蕴育着强大的力量，是一个人激昂向上的必需品。做一个自信的人，拥有"天生我材必有用"的气势，自信地对待遇到的每一件事情，使自己强大起来。

　　你今天对待事情足够自信吗？

省级演讲比赛

每 日 收 获

写下我的小故事

8 正确对待别人对你的批评或表扬

 成长的烦恼

有一次数学测验，我因为不仔细做错了好几道非常简单的题，老师狠狠地批评了我，并说如果下次还犯这种错误就会更加严厉地批评我。而我却不以为然地想：不就是做错几道题吗，又不是给你做的。事后妈妈的话点醒了我，让我明白老师确实是为我好。我十分内疚，难道我不能正确对待别人对我的批评吗？

•说说我的故事•

试卷已经发下去了，同学们先改一下错题。

天啊！考得这么……

耶！这次考得还不错！很多题老师都讲过。

小米这次退步太大了，要好好反省自己！

知道了老师……

不就是几道错题吗！至于当全班同学的面批评我吗？

心理学家和你聊聊天

老师批评我是为了让我取得进步，我应该虚心接受呀！

VS

哼，不就是做错几道题嘛！

面对别人的批评时，大多数人首先想到的不是承认错误，而是本能地争辩，甚至否认。相比批评，人们更容易接受肯定和表扬。

研究发现，越优秀、越追求完美的人，比普通人越难接受批评，他们更容易感伤和有挫败感。其实，即使你表现得特别优秀，也会不可避免地面对别人的批评。

人们对于批评的态度也不尽相同，有些人可以从容地接受，甚至感激对方，但有些人却对任何批评都持反感态度。你希望自己成为哪种人呢？

心理学家给你的建议

如何正确面对别人对你的批评呢？

 耐心倾听

　　生活中，面对批评首先要学会倾听。对于别人对你的批评，不要做无谓的争辩，也不要只顾发泄心头的怒火，这只会使你失去理智，无法做出正确的判断。你需要将别人的话牢牢地记住，然后自己判断一下是否值得接纳。

认真倾听

 及时反省

　　对于别人对你的批评，要及时反省，有则改之，无则加勉。如果你自己暂时无法判断批评的价值，可以向你熟悉的家人、要好的朋友说一下，让他们给你把把关。

我不该这样想，老师说我也是为了我好啊。

③ 不要把批评当成包袱

　　有的人在受到批评以后，以为别人对自己有意见，整天忧虑重重，感觉自己哪都不行，这也是不对的。你要学会看淡荣誉，看清批评，不要过分关注它，知错能改，善莫大焉。

自信是人生道路上的灯塔，照亮着我们人生的坐标。自信蕴育着强大的力量，是一个人激昂向上的必需品。做一个自信的人，拥有"天生我材必有用"的气势，自信地对待遇到的每一件事情，使自己强大起来。

你今天对待事情足够自信吗？

每 日 收 获

写下我的小故事

9 不过多和别人比较，要看到自己的进步

成长的烦恼

期中考试过后，看到自己的成绩取得明显进步之后，我竟忘乎所以，和我们班的尖子生比了起来，谁知越比越差劲，越比越感觉自己什么都不是，心情十分低落。后经同桌提醒，我才反应过来：为什么要和别人去比较，看到自己进步不就够了吗？

同学们，期中考试的试卷已经发下来了，很多同学取得了显著的进步,提出表扬!

这次的成绩好像还不错呢!

这个分数应该超过我们班尖子生了吧,嘻嘻!

我知道,好像是98分,好厉害呀!

你知道课代表考了多少分吗?

这次这么努力还是没超过课代表,唉……

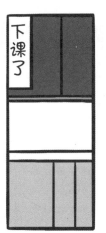

下课了

骏骏，你怎么了？

无论我怎么学都没用，都超不过咱班的尖子生！

怎么会呢？你的分数也很高啊，看你这次考得就比上次多啊！

对呀，他说得有道理！

我记得自己上次只考了70多分，这次92分，自己真的进步好大呀！

自己才是自己最好的对手！

心理学家和你聊聊天

我应该和自己比较，我比上一次做得好就是有进步的！

跟别人比起来，我的成绩还是太差了，是我太笨了吗？

　　有人说，比较是一种提升自我的手段。通过比较，我们可以认识到自己和他人的差距，从而更加努力。向上学习，确实是一种进步的动力，但是大家一定要把握好这个度，如果过多地依赖外向比较，就会容易消耗心力。在我看来，不和他人过多比较，多和过去的自己相比，才是真正聪明的做法。

　　人们总是陷入永无止境的比较中，在和别人不断比来比去的过程当中，优秀的人变得不堪，漂亮的人变得丑陋。如此一来，也直接让自我价值感越来越低。拿自己的短处比较别人的长处，又或者拿别人的短处比较自己的长处，都不是正确的选择。

　　事实上，比来比去的意义是什么呢？和差距大的人比较，徒增烦恼。优于别人并不高贵，真正的高贵是优于过去的自己。如果有一天，你懂得了不再和他人比较，而是关注自己的成长和进步，那么你就能成为自己心中优秀的人。

心理学家给你的建议

怎样才能避免比较，看到自己的进步呢？

1 攀比是你不了解自己的标志

与别人比较不是你了解自己的方式，你所寻求的结果不在你周围人的身上，要想了解自己，你必须换个思路。要知道在自己身上了解自己才是最正确的。

和别人攀比并不能够真正了解自己，我应该和自己比较。

2 当你要比较时立刻遏制住

要想改变比较的习惯你必须增强意识。当你增强了意识后，在你想要比较时就能立刻将这个念头遏制住。

班长这次的成绩……不！我不需要和别人比较！

3 多和过去的自己比较

生活中，大多数人都喜欢盲目地跟别人比较，最终导致的结果就是，把自己的信心完全比没了。其实，你最好的比较对象，就是过去的自己。只要你今天比昨天进步了，那就足够了。把过去的自己作为参考来比较，才是最正确的比较方式。

这次比上次高了5分，太棒了！

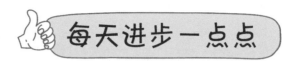

每天进步一点点

自信是人生道路上的灯塔，照亮着我们人生的坐标。自信蕴育着强大的力量，是一个人激昂向上的必需品。做一个自信的人，拥有"天生我材必有用"的气势，自信地对待遇到的每一件事情，使自己强大起来。

你今天对待事情足够自信吗？

省级演讲比赛

每 日 收 获

写下我的小故事

10 将无用的担忧转化为解决问题的能力

?

为什么

成长的烦恼

　　新一轮的数学竞赛又要开始了，同学们都踊跃报名。看到同学们跃跃欲试的样子，我心里很羡慕。我也想报名参加，可是总有一种担忧涌上心头：考不好怎么办？会不会被同学笑话？最终我也没有鼓起勇气报名。我不禁怀疑：难道我真的是这样子的吗？

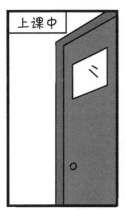

上课中

同学们,新一轮数学竞赛就要开始了,希望大家踊跃报名!

老师,我要参加!

我……

我要报名!

上一次数学竞赛我差点儿就获得名次了。

哇,大家好积极!

我……

老师,截止时间是什么时候?

后天

唉,我也想报名,可万一成绩不好咋办?

好,今天的课就上到这里,下课。

咦,睿睿他们在聊什么?

不是有一句名言说"大胆的尝试,往往能成功吗?"

睿睿,你上次都没名次,怎么还报名?

睿睿,他这么说,你还会报名吗?

小米,他这样讲会让我更有动力!勇于尝试,才会有收获。

睿睿讲得有道理,我不能一直畏首畏尾的。

老师,我也要报名!

我们都要摒弃无用的担忧,勇于尝试!

写下担忧并大声读出来，真的可以解决问题！

我害怕举手发言，更害怕被嘲笑。

　　你是否也觉得，自己总是担忧失败，羞于表现？每次都在临门一脚的时候，被胆怯、恐惧吓得退缩，看到别人自信、勇敢的样子，你无比羡慕？你是否也觉得自己是一个胆小如鼠的人？

　　凡事在行动之前，总是担忧，害怕自己做不好，那么大概率会以失败告终。摒弃无用的担忧，勇于尝试的人，会有意料之外的收获。即便真的失败了，也收获了经验和教训。而且，只要用心，没有人会一直失败，最终都会取得进步，不断成长。

　　你并不比别人差，别人也可能曾经像你一样，因为担忧、害怕而退缩。但当你踏出第一步以后，这些负面情绪会被你统统甩在脑后，你也会成为别人羡慕的对象、学习的榜样。

　　莎士比亚曾在书中这样写道："大胆的尝试，往往能成功。"与其踌躇不前，倒不如进行一次勇敢的尝试，你会发现不一样的自己！

心理学家给你的建议

怎样才能将无用的担忧转化为解决问题的能力？

1 写下你的担忧并大声读出来

当你遇到过不去的坎时，先静下心来，把自己内心的担忧与焦虑写在本子上，当你写下来的时候你已经敢正面面对它了。然后大声地读出来，当你读出来的时候，你的勇气就已经把它打败了。

可以写下你的担忧，并大声读出来。

2 拒绝做恐惧失败的人

常言道："失败是成功之母。"很少有人做一次就能成功，大部分人都是在失败中摸爬滚打过来的。所以，你不要过于担忧失败之后会怎么样。剔除那些无用的担忧，直面问题，勇于尝试，做一个不惧怕失败的人，才会让你更自信。

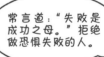

常言道："失败是成功之母。"拒绝做恐惧失败的人。

3 把精力用在解决问题上

列出你担忧的问题后，要以行动来解决。你需要制订一个计划，然后每天做一件事，让你离解决问题更近一步。你要试着把控好每天做的事情，慢慢地找到解决问题的办法。

小米，你这个每天计划表做得真好！

每天进步一点点

自信是人生道路上的灯塔，照亮着我们人生的坐标。自信蕴育着强大的力量，是一个人激昂向上的必需品。做一个自信的人，拥有"天生我材必有用"的气势，自信地对待遇到的每一件事情，使自己强大起来。

你今天对待事情足够自信吗？

省级演讲比赛

每日收获

写下我的小故事

11 让梦想激发你的内在自信力

成长的烦恼

班里开展了一次"我的梦想"主题演讲。很多人精神饱满地走上讲台说着自己的梦想，比如成为航天员、军人、商人等。我也对梦想充满了渴望，但是我实在想不出我的梦想是什么。我该怎么找寻自己的梦想呢？

说说我的故事

萱萱家

豆豆以后想做什么呢？

我的梦想是成为一名画家！

我的梦想是成为像孙杨一样的游泳冠军！

画遍美丽的风景！萱萱你的梦想呢？

像他一样站在领奖台上！

好啊，我也好久没去游泳了。

豆豆我们现在就去游泳吧！

我刚才游得也太差了，孙杨我真的可以成为像你一样的人吗……

孙杨这么优秀还这么努力,我怎么可以轻易气馁！

感觉好像明白一点技巧了，以后每天我都要来游一个小时。

第二天

第三天

哇！萱萱，你进步好快啊！

两周以后

梦想固然美好，但是我发现追逐梦想的路上风景也不错。

梦想也是激发自信力的源泉

加油！

我想成为游泳冠军，我要为之努力。

我没有梦想，怎么寻找自己的梦想呢？

　　每个人都有属于自己的梦想，或大或小，有些人觉得没有梦想，其实可能是不自知。当你想要做成一件事情的时候，你会不顾一切地往前冲，会在不知不觉中克服弱点，超越自己。

　　居里夫人在被问到其成功的心得时，她这样回答："First have a wonderful dream，then make it become reality."（首先有一个美丽的梦想，然后把它变为现实。）梦想固然美好，但更美好的是追逐梦想的过程，它的价值是无法估量的。

　　要想追求理想的自我，首先要有一个可以为之奋斗的梦想。当大家致力于美好的未来时，一切快乐的痛苦的悲伤的经历都将变成一次次学习和变革。这时，过去就不再能够决定你，引领你的将是未来。

　　也许目前看似迷雾重重，但那正是磨炼心性、修炼性格的磨刀石。当你的梦想实现后，一切困难都变成了锦上添花。

心理学家给你的建议

怎样才能树立理想，扬帆起航呢？

1 为任何渺小的兴趣喝彩

当梦想的方向仍需测量，你需要做的事情就是发现自己的闪光点，任何渺小的兴趣都可能点亮你未来的人生。在日常生活中记录点点滴滴，比如爱做的事情、感兴趣的事。如果某件事情唤醒了你的激情，那么恭喜你找到了"理想之路"。

是吗？谢谢老师！

萱萱，你有很多发光点！你要善于发现。

2 给未来的自己写封信

如果你尚未明确志向，又或者刚刚迈出了第一步，那么你可以给未来的自己写封信，当你动摇的时候，打开从前满怀信心的信件，为自己加把劲，牢记自己最初的那份初心。

给未来的自己写一封信。

3 燃烧你的"欲望"

去激发你成功的欲望，因为欲望就是力量。你的欲望有多么强烈，就能爆发出多大的力量；当你有足够强烈的欲望去改变自己命运时，所有的困难、挫折、阻挠都会为你让路。欲望有多大，你的自信心就会有多大，你就能克服多大的困难。

我一定可以成为一名优秀的游泳运动员！

每天进步一点点

　　自信是人生道路上的灯塔，照亮着我们人生的坐标。自信蕴育着强大的力量，是一个人激昂向上的必需品。做一个自信的人，拥有"天生我材必有用"的气势，自信地对待遇到的每一件事情，使自己强大起来。

　　你今天对待事情足够自信吗？

省级演讲比赛

每 日 收 获

写下我的小故事

第三章

行动篇：
通过行动建立自信的五个秘诀

12 昂首挺胸，举手投足间彰显自信

成长的烦恼

　　这一周是班级演讲比赛周。看着同学们都信心满满地讲完，我坐在座位上好紧张。很快就轮到我了，我身体僵硬地站在讲台上，一张嘴就开始结巴，背好的稿子也忘得一干二净。虽然大家给我鼓掌鼓励我，但是我还是跟老师说自己没有准备好，明天再讲。唉，我怎么就不能大大方方地站在讲台上从容表达呢？

演讲比赛进行中

演讲比赛

开始演讲了！小蕊先来，睿睿做好准备。

老师好，同学们好，我演讲的题目是……

怎么办？好紧张啊……

好，小蕊讲得很好，接下来是睿睿！

睿睿有点紧张，大家鼓励他一下！

我……

大脑一片空白啊！

74

心理学家和你聊聊天

相信自己！我一定可以的！！

为什么我就不能抬头挺胸呢？我太不自信了。

VS

　　心理学研究发现，一个人的姿势与一个人的内心体验是相互促进、相互影响的，因为身心本就是一个相互成就的过程，人自信时，身体会呈现出一些独特的姿态。

　　哈佛大学社会心理学家艾米·卡迪曾经做过一项调查，发现叉腰、双腿分开站立的人比抱臂、收拢双腿的人更容易在面试中被录用，而且他们也被认为更热情、更自信。

　　自信的人，浑身会散发一种气场，让靠近自己的人获得一种力量，洪亮的声音和从容的举止，就是自信的象征。而一个不自信的人，在与人交流的时候，说话吞吞吐吐，眼神飘忽不定或看向别处，以"躲避"的方式阻断他人与自己的信息交流，从而达到遮掩自我的目的。

　　我们每个人都应该学会自然地昂起头，"身体力行"，摆脱自卑。

心理学家给你的建议

怎样才能昂首挺胸，用身体彰显自己的自信呢？

1 站有站相，坐有坐相

学会端正的站姿。站立时双脚与肩同宽，双臂自然下垂在身体两侧。不要懒散地靠在墙上，也不要单脚站立或双脚交叉站立。坐着时不要前倾太多或者双臂夹紧，应该大方自然地占据身边的空间，自然地靠向椅背，如果有扶手的话可以搭着。这样你才会自带气场。

站有站相，坐有坐相。

2 尝试着放松肌肉

通常人在觉得焦虑时，肌肉会变得非常紧绷，肩膀会耸起来，拳头紧握，看起来"虎背熊腰"。你要试着放松自己的肌肉，深吸一口气，让身体姿势变得自然起来。

紧张的时候可以通过深呼吸放松自己的肌肉。

3 戒掉你的小动作

生活中，很多人不自觉地会抓耳挠腮、左顾右盼、扣手指、抖腿，这些小动作看起来像在发抖痉挛，会让人感觉很不自在。所以，你要避免这些不雅的小动作，展现优雅的姿态。

每天进步一点点

自信是人生道路上的灯塔，照亮着我们人生的坐标。自信蕴育着强大的力量，是一个人激昂向上的必需品。做一个自信的人，拥有"天生我材必有用"的气势，自信地对待遇到的每一件事情，使自己强大起来。

你今天对待事情足够自信吗？

省级演讲比赛

每 日 收 获

写下我的小故事

13 想好的事情马上就做，绝不拖延

成 长 的 烦 恼

　　寒假之初，我就给自己愉快的假期做了计划，在最后一天刚好完成所有作业。谁料假期里各种事情接踵而来：今天要去朋友家，明天过年给自己放个假……作业进度一拖再拖，直到寒假的最后一天，竟还有一半作业没有写。焦急的我坐在书桌前奋笔疾书，不断反思，为什么做事总是拖拖拉拉，难道我真的安排不好自己的时间吗？

说说我的故事

　　你是否习惯于最后上交作业？是否经常浑浑噩噩，感觉时间匆匆流逝？和朋友聚会是不是经常迟到？如果是，那么你很可能是一名"拖延症患者"。

　　一个做事拖延的人，往往缺乏主观能动性，他经常因为对自己的生活缺乏计划性，前期迟迟不下手，导致最后陷入困境。而以这种浑浑噩噩的状态生活、学习，必定难以取得令自己满意的成就。而对于那些有规律、有计划、不拖延的人而言，他们可以腾出精力做一些其他事情，这进一步提高了他们的效率，形成良性循环。

　　乔布斯就曾说过，自由从何而来，从自信来，而自信则从自律来。"你知道洛杉矶凌晨四点是什么样子吗？"自律的人，对规划好的事情坚决执行，拒绝拖延。如果你也能做到这样，你将会在不知不觉中发现自己的进步，你也会成为下一个"科比·布莱恩特"。

心理学家给你的建议

怎样才能做一个自律、做事绝不拖延的人？

1 绝不赖床一分钟

一日之计在于晨，好的习惯要从一早养成，绝不赖床一分钟，不要想着再睡十分钟，再睡五分钟，这样只会使你的拖延心越来越严重。拒绝拖延，从一早做起，从按时起床做起。

> 一日之计在于晨，要好好利用早上的时间才行啊！

2 克制欲望，多给自己做减法

现在很多人的问题，并不是懒，相反是太"勤快"。天天给自己安排得满满的，看电视，打游戏，出去玩……正是这些玩心的存在，才会使你的正事愈加拖延。要想拒绝拖延，就要把这些玩心框起来，克制自己的欲望。

> 想打会儿游戏，还想看电视……不行，我要克制住自己的欲望！

3 给日程标上 1、2、3

给自己做一个计划，把一天的事情都填写进去，分清主次、轻重缓急。把自己的计划写在纸上，什么时候做什么事，多久做完，做完之后把这项事情打个叉，然后再进行下一项。这样时间一久，你就自然而然地克服了拖延症。

每天进步一点点

自信是人生道路上的灯塔，照亮着我们人生的坐标。自信蕴育着强大的力量，是一个人激昂向上的必需品。做一个自信的人，拥有"天生我材必有用"的气势，自信地对待遇到的每一件事情，使自己强大起来。

你今天对待事情足够自信吗？

每 日 收 获

写下我的小故事

14 遇到难事不逃避，不找借口

成长的烦恼

　　庆国庆合唱比赛就要开始了，在同学们的推荐下，老师决定让我来做合唱的指挥。可我从来没有在这么多人面前指挥过，心里一阵发虚。我想着找个借口来推脱，练习的时候也想着逃避。我对自己很失望，难道我就没有正面面对难题的勇气与自信吗？难道我遇到困难只会逃避吗？

音乐课

同学们，庆国庆合唱比赛还差一个合唱指挥，有兴趣的跟班长报名！

好的，老师。

我觉得文艺委员小蕊就不错！

别呀！

我也推荐小蕊！

我赞同！

这……

我从没有在这么多人面前指挥过，我不行啊。

啊！你们去吧，我有些不太舒服。

小蕊，我们先去练习一下吧。

86

心理学家和你聊聊天

我才不要做一个逃避的胆小鬼！

VS

为什么遇到困难的事情，我总是要逃避呢？

鸵鸟是一种目光锐利、听觉灵敏的动物，它能觉察到 10 千米以外的敌人。但是，当它发现危险来临时，就会伸长脖子、紧贴地面，甚至把头钻到沙子里去。很显然，这是一种典型的逃避策略，它没有像其他动物那样奋力一搏，而是伪装起来，从而求得自保。这无异于自欺欺人。

在日常生活中，有些人遭遇挫折和难题时，也会选择和鸵鸟一样的做法——不愿正视现实。当面临困难时，如果不能正确看待自身能力，或者常常否定自己，就容易导致逃避心理的产生。

其实，逃避是一种自我防御的手段，心理学把它称为防卫机制。每个人在面对危险和困难时，都会采取不同的防卫方式，使自己暂时逃离困难。

逃避的潜在意识人人都有，但机智的人善于调节。面对困难时多进行自我暗示，自我鼓励，不让逃避成为习惯。你要相信事在人为，方法总比困难多。

心理学家给你的建议

如何才能遇到难事不逃避，不找借口呢？

1 用有效行为替代逃避

其实，一个人心态往往决定一个人的处事态度，所以，当你在面对困难的时候，不要选择一味地逃避，而应以积极的心态来应对困难，让自己变得更加成熟稳重。试着去改变一下，你会收获意想不到的结果。

我先从简单的动作开始吧。

2 把困难"稀释"掉

当你面对困难的时候，试着把问题分解成多个小部分，且更容易管理的部分，这样你就不会试图一下子完成一项艰巨的任务。与此同时，大脑接收到的信息难度降低，更容易促使你采取行动。

我可以先完成这一小部分，这样就不会觉得太难啦。

3 计划在先，做好每一步

在你采取行动前给自己做个日程计划，进行阶段性打卡。比如，做个打卡小日历，规划任务小方格，什么时间做什么事，每完成一个小目标，就能在计划里看到自己的进步，也能不断给自己增加干劲。

每天进步一点点

自信是人生道路上的灯塔，照亮着我们人生的坐标。自信蕴育着强大的力量，是一个人激昂向上的必需品。做一个自信的人，拥有"天生我材必有用"的气势，自信地对待遇到的每一件事情，使自己强大起来。

你今天对待事情足够自信吗？

每 日 收 获

写下我的小故事

15 千万别陷进完美主义的陷阱

语文课上，老师让我们工整地写一篇作文。我是一个追求完美的人，一次次因为字写得不好或错别字而重写。当同学们都陆续写完交卷的时候，我的作文还没有写多少字，我立刻焦急起来。我有些怀疑，难道我追求完美使我掉进了完美主义的陷阱吗？

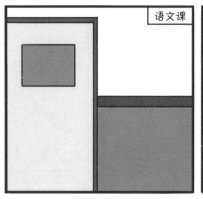

•说说我的故事•

语文课

大家结合刚才分析的内容，写一篇作文，题目自定。

要注意作文的书写格式。下课之前交上来。

好的，老师。

OK.

时间刚刚好，我就在那里写完了的话

老师，我写完啦！

这么快呀！

我怎么越写越不满意了。

唉……

虽然进步很慢，但是我一定可以写得很漂亮！

VS

我掉进了完美主义的陷阱吗？

　　完美是把双刃剑，适当的完美可以促进一个人发展；而过度的完美，即过度到偏执、狂妄和不切实际的完美，只会阻止一个人的发展，甚至会走到一种极端。

　　约克大学的心理学教授戈登·弗莱特自20世纪90年代开始研究完美主义。他发现，不管是什么类型的完美主义者，往往会出现以下问题：往往有极端的想法，对自己要求极为苛刻，对周围的人和事都很挑剔。这些问题映射在完美主义者身上大多表现为非常重视自己在别人眼中的形象，常常因自己表现出的不足和缺点而自责。他们给自己定的目标太过严苛，自身承受的压力也会增大。当达不到完美的目标时，他们就会有一种挫败感，而压力和这种挫败感则会导致自我否定等消极情绪的产生，慢慢地，自信乐观的心态就被削弱了。

　　其实，完美本身就是可望而不可即的，没有人是十全十美的。只有学会接受自己的不完美，才会走向美好的生活。

心理学家给你的建议

怎么做才能避免掉进完美主义的陷阱呢？

1 接受不完美的现实

要知道，世界上没有十全十美的人，也没有尽善尽美的事，我们要试着去接受这个客观事实。不要过分追求完美，也不要用苛求自己的方式来赢得别人的赞同，不要过于执着，放下从前的自己，重新开始。

2 不要过于追求细节

一个有完美倾向的人，总是面面俱到，总喜欢揪着一些细小的问题不放，凡事都寻根问底，这样会很累，而且会让其他人也感到不舒服。你要用一种宽和的态度对待他人，不能固执己见，也不要用自己苛刻的标准去衡量一切。

3 给自己定一个合适的标准

给自己定标准，切记不要超出自己的能力范围，否则，一件事情做得再出色，自己也不会满意。允许自己和他人在适度范围内出一点差错，人无完人，不可能事事都做到万无一失。

自信是人生道路上的灯塔，照亮着我们人生的坐标。自信蕴育着强大的力量，是一个人激昂向上的必需品。做一个自信的人，拥有"天生我材必有用"的气势，自信地对待遇到的每一件事情，使自己强大起来。

你今天对待事情足够自信吗？

写下我的小故事

16 学会拒绝，别总是满足别人委屈自己

成长的烦恼

　　小丽经常把不想做的事情推给我。有一次班级大扫除，小丽和朋友约好出去玩，请求我帮她擦玻璃，虽然我心里想早点回家，但还是勉为其难地答应了。比起能够果断拒绝、不违背内心的人，我总是想着最后妥协一次。难道我真的要一直委屈自己，做不想做的事吗？

我不想委屈自己，我该怎么跟小丽说呢？我是不是很懦弱……

好难过，怎么办才好？

萱萱，你怎么才走呀？

啊？

小丽让我帮她值日，我不好意思拒绝她。

可是我不想帮她，因为她每次都这样……

萱萱，这样可不行。你要学会拒绝别人。首先可以从说"不"开始！

皓皓，谢谢你的建议。拜拜，明天见喽！

拒绝也是一种权利，我们都拥有拒绝的权利。

我可以做到果断地拒绝不想做的事！ ✓

VS

我真的要委屈自己做不想做的事情吗？ ✗

拒绝别人，是一种能力，可有的人往往缺乏这种能力。从心理学的角度来说，很多时候，不会拒绝别人的人，是骨子里太自卑，担心拒绝会引起对方的不满，从而离开自己。

我们总希望成为别人心目中的朋友，尽可能地做"老好人"，想尽办法"成人之美"，希望能够通过更多地帮助别人来成就自己。但是，你知道吗，比起成为别人口中完美的自己，学会拒绝更加有智慧。学会拒绝，还会让你在他人的心目中更有价值，也会让你的生活更加简单和轻松。

没有拒绝，就不会有边界，就无法捍卫自己的权益，就会在人际交往中被剥削。有一个效应叫作"登门槛效应"：一个人如果接受了别人的一个小要求，那么别人在此基础上再提一个更高点儿的要求，这个人也会倾向于接受。那么，你是要做一个委屈自己，成全别人的人？还是学会拒绝，做一个自信的人？

心理学家给你的建议

怎么做才能学会拒绝呢？

1 给自己定下规矩

首先你要给自己身边的人与事划分一个范围，哪些人是可以帮的，哪些事是可以帮的，哪些人与事是可以直接拒绝的。再划分出一些比较无理的要求，对于这类要求不要觉得不好意思拒绝，记住，拒绝是你的权利。

2 不做"好好先生"和"好好小姐"

不要为你的界限而道歉，比如，"我没有帮你打扫卫生向你道歉"，这只会让别人不把你当回事。把"好好好、行行行"放在嘴边，无异于让自己任由别人践踏。

3 要从每一件小事上学着说"不"

对身边的人表示善意，是没有错的，但是善良过度了，受伤的往往是自己。你要学着把自己放在第一位，自我尊重，不想做某件事的时候，不要强迫自己。摆正你的态度，学着在每一件小事上说"不"。

每天进步一点点

自信是人生道路上的灯塔，照亮着我们人生的坐标。自信蕴育着强大的力量，是一个人激昂向上的必需品。做一个自信的人，拥有"天生我材必有用"的气势，自信地对待遇到的每一件事情，使自己强大起来。

你今天对待事情足够自信吗？

每 日 收 获

写下我的小故事

第四章

能力篇：
打造获取自信心的五大关键能力

17 找到兴趣点：发展自己的兴趣爱好

成 长 的 烦 恼

暑假到了，爸爸要给我报一个兴趣班。看着宣传页上琳琅满目的美术、音乐、书法……一时间我难以抉择。第二天，我问同桌有没有什么兴趣爱好，他兴高采烈地和我讲他要学拉丁舞和吉他，我被他的兴奋感染了，对发掘自己产生了极大的兴趣。我该怎么找到自己的兴趣爱好呢？

说说我的故事

骏骏家

暑假就要到了，假期做点什么好呢？

我的兴趣？

骏骏，爸爸给你报一个兴趣班吧！

音乐、绘画、书法，我该选择哪一个呢？

唉！好纠结，明天去问问同桌吧！

第二天

唉！不知道睿睿这个假期有啥安排。

嗨！骏骏你怎么啦？

睿睿，你有兴趣爱好吗？假期我要报一个兴趣班，可我不知道怎么选。

当然有，我喜欢拉丁舞和吉他。你可以把自己想到的按喜欢的程度排一下顺序。

兴趣表
唱歌 ☆
书法 ☆☆
篮球 ☆☆
绘画 ☆☆☆
演讲

这个假期我可以画更多的创意画了，开心！

耶！找到自己的兴趣爱好原来是件这么开心的事！

VS

我最喜欢的是什么呢？美术还是……好纠结啊！

古今中外，凡是有一些成就的人无不对自己所从事的事业有着浓厚的兴趣，兴趣推动着他们孜孜不倦地追求，最终取得成功。科学家丁肇中用六年时间读完了别人十年的课程，最后终于发现了"J粒子"，他是第一位获得诺贝尔奖的华人。当记者问他："你如此刻苦读书，不觉得很苦很累吗？"他回答："不，不，不，一点儿也不，没有任何人强迫我这样做，正相反，我觉得很快活。因为有兴趣，我急于探索物质世界的奥秘，比如搞物理实验；因为有兴趣，我可以两天两夜，甚至三天三夜待在实验室里，守在仪器旁。我急切地希望发现我要探索的东西。"

"三天打鱼，两天晒网"，那纯属一时兴起。知之者不如好之者，好之者不如乐之者。兴趣源于本身，只有对于真正喜欢和爱好的东西，自己才会加倍地投入和用心，坚持并做出成果。

如果你还没有发现自己的兴趣爱好是什么，那就多找一找什么事情是自己喜欢做的吧，总有一缕光阴属于你。

心理学家给你的建议

怎样才能找到兴趣点，发展自己的兴趣爱好呢？

1 在生活中寻找自己想要做的事

要想找到自己的兴趣，你就要善于观察，从生活细节方面出发，多做一些事情，通过在选择中找到自己想要做的事。结合自己的特长、实际情况和内心真实的想法，做自己喜欢做的事情。

画画好有意思啊！

2 列出自己所有的选择进行比较

你可以罗列目标，把自己喜欢的事情全都写在一张纸上，然后逐一排除，看看最后剩下哪一个。比如在篮球、画画、音乐和读书中，你最喜欢哪一个，或者在这几个中首先排除的是哪一个，然后以此类推，找出最后一个。

我不喜欢哪一个呢？

3 通过实际参与来找到它

如果你不能通过以上办法选出自己最喜欢的事情，那么你可以通过依次尝试各个爱好，体验它们的不同。到最后你最想去坚持或者最难舍去的那一个就是你的兴趣。找到它，然后坚持下去。

唉！学习唱歌已经一周了，我还是不感兴趣呢！

每天进步一点点

　　自信是人生道路上的灯塔，照亮着我们人生的坐标。自信蕴育着强大的力量，是一个人激昂向上的必需品。做一个自信的人，拥有"天生我材必有用"的气势，自信地对待遇到的每一件事情，使自己强大起来。

　　你今天对待事情足够自信吗？

每 日 收 获

写下我的小故事

18 培养社交能力：掌握与人相处的方法

成长的烦恼

　　我和朋友之间总有许许多多的摩擦。今天，同桌穿了一条新裙子，高兴地询问我的意见。而我没有顾忌她的心情，直接说出了"缺点"："你的皮肤有点黑，和裙子不太搭配。"同桌很沮丧，一句话都没有说，转头离开了。我只不过是说出了事实，为什么她反而不高兴了呢？我该怎么和朋友相处呢？

·说说我的故事·

唉……

小米，你怎么闷闷不乐的呀？

小鱼今天穿了一条新裙子，我说跟她不搭，她生气地走了……

小米，我觉得你下次可以换一种方式表达，委婉一点。这要是我，也会生气的哦。

萱萱，谢谢你。

对，我不应该这么直接地说出来。

抱歉小鱼，我说话太直了，让你伤心了。

其实，你说的也有道理。

没事的小米，我知道你不是故意的。

说话也得讲艺术啊！

113

我可以找到适合自己交友的好方法！

我该怎么和同学相处呢？

　　人们的社会交往是每个人认识自我、认识社会、适应环境、适应社会生活的基本途径。在现实生活中，无数的案例说明，社交能力是现代人必须重视和掌握的一种能力。一个人在这方面能力的强弱，在很大程度上关系到其未来的前途和发展。同样，人际关系也是我们生活中的一个重要组成部分，倘若人际关系不好，将会对我们的学习、生活及心理健康有不良的影响。

　　复杂的社会关系中，交往无处不在。无论是在家庭、学校、社会，都离不开与人交往。一个不愿社交的人，通常活在自己的世界里，导致很多事情都会比别人更难解决，因为他们不善言辞，只能硬着头皮往前冲，往往会"头破血流"。

　　如果你还没有找到与人相处的方法，不要着急，先保持一种良好的心态，乐于帮助别人，然后学习几个小技巧，慢慢地你将拥有良好的社交能力。

心理学家给你的建议

怎么样培养社交能力呢？

1 在每次社交前做做"准备活动"

如果你觉得自己在交往中没有参与度，那么可以提前了解一下活动内容。比如，和朋友约går去游乐园，你可以提前查询该游乐园中的设施、游玩路线和攻略，这样既可以提高游玩的乐趣，也能保证你的社交活动顺利进行。

2 "专注的耳朵"和"宽容的嘴巴"

生活中，大多数人通过向他人讲述自身的经历来增进感情，所以，聆听是必不可少的。在此过程中，你可以注视对方，点点头，或者做出一些积极的响应，使对方感到被尊重。当然你的言语不能过于犀利，友善的语言更能给人温柔的印象。

3 巧妙的回答让话题延续

与人交往的时候，如果你总是给出令人失望的回应，久而久之，别人就不再愿意与你分享。当朋友问你裙子好看与否时，可以把"你很黑"换成"我认为另一种颜色更能凸显气质"。不要总做"话题终结者"，不伤害他人的语言更能体现你的素质。

每天进步一点点

　　自信是人生道路上的灯塔，照亮着我们人生的坐标。自信蕴育着强大的力量，是一个人激昂向上的必需品。做一个自信的人，拥有"天生我材必有用"的气势，自信地对待遇到的每一件事情，使自己强大起来。

　　你今天对待事情足够自信吗？

省级演讲比赛

每 日 收 获

写下我的小故事

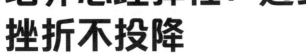

19 培养心理弹性：遇到挫折不投降

成长的烦恼

　　在上次运动会的 100 米比赛中，我得了倒数第一名，因此，这次运动会我又要报名时受到了同学们的嘲笑。为了在运动会上拿到一个好名次，我每天坚持跑步。最终，我成功了。于是我想，如果遇到挫折就放弃了，是不是自己就永远不能在运动会上拿到第一名的好成绩了？

 ·说说我的故事·

同学们，运动会要开始了，有要参加比赛的同学到骏骏那里报名！

要参加的同学到我这儿报名啊。

现在是跑步的项目，有报名的同学吗？

我我我！我要报名！

我也要！

我也想报名，可我去年得了倒数第一……

还有名额吗？我也想参加跑步比赛。

有啊！不过你这次不会还跑倒数第一吧？

对呀！

哈哈哈！

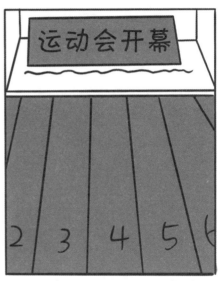

119

只要每天坚持，就一定会取得好成绩！

我跑步太慢了，我是不是应该放弃呢？

为什么有的人能够很轻松地克服困难，而有的人却很难摆脱挫折呢？这就涉及一个心理学上的概念——心理弹性。

美国心理学家安东尼，在20世纪70年代时提出了"心理弹性"这一概念。心理弹性是一种重要的心理品质，指的是人们从挫折困难中快速恢复的能力。具有较高心理弹性的人，大部分都是乐观主义者，能够更加积极地应对生活中的各种挑战和困难。

在一定意义上讲，一个人心理发展的过程，就是其心理弹性不断增强的过程。其实，在我们成长的路上，挫折不可避免，伟人如此，我们也是如此。记住，要想战胜挫折，最好的办法就是直面挫折，直到找到解决它的办法。要有勇气去面对现实的痛苦，而不是败倒在现实面前。不要气馁，不要灰心，给自己一点希望，事情不会太糟糕。

心理学家给你的建议

怎么做才能直面挫折不投降呢？

1 记录下自己成功战胜挫折的经历对自己进行泛化鼓励

把自己成功战胜挫折的经历记录下来，哪怕是一个很小的成功也要记录下来。当你在面对新的挫折感到泄气的时候，把这些记录拿出来看一看，鼓励自己。比如，有一次你做什么事，遇到了什么困难，最终在你的努力下成功克服了。

原来我曾经克服过这么多困难啊！

2 给自己树立"超级英雄"榜样

每个人心中都有自己喜欢的超级英雄，每当遇到问题的时候也都幻想着能像超级英雄一样面对问题、解决问题。所以，你要给自己树立一个积极向上的正面榜样。比如，孙悟空历经九九八十一难，终于保护唐僧取得真经。他经历这么多磨难都没有放弃，你又怎么能遇到小小困难就轻言放弃呢？

《西游记》

孙悟空历经九九八十一难，终于保护唐僧取得了真经！

3 从小事中训练自己的"主人翁精神"

生活中，很多人在遇到困难的时候，首先想的是寻求别人的帮助，这样一来，自己解决问题的能力便会越来越差，在独自面对挫折的时候就不得不投降。所以，你要在生活中的小事里锻炼自己解决问题的能力，发挥自己的"主人翁精神"。

鼓励自己先独立面对困难，发挥自己的"主人翁精神"！

自信是人生道路上的灯塔，照亮着我们人生的坐标。自信蕴育着强大的力量，是一个人激昂向上的必需品。做一个自信的人，拥有"天生我材必有用"的气势，自信地对待遇到的每一件事情，使自己强大起来。

你今天对待事情足够自信吗？

省级演讲比赛

每 日 收 获

写下我的小故事

20 培养自律力：自律的人最自信

成长的烦恼

　　今天放学回到家，吃完晚饭我便拿起手机玩游戏，这一玩就直接玩到了凌晨，作业与放学前的规划全没完成。第二天，由于熬夜，我在浑浑噩噩中学完了一整天的课程，而且还因为作业没做被老师批评了。我很烦恼，难道我是一个不自律的人吗？

说说我的故事

125

心理学家和你聊聊天

我可以很好地进行自我约束！

VS

难道我的自制力真的很差吗？

　　其实，早在古代的时候，人们就知道自律的重要性，"礼"的出现便是最好的论证。"克己复礼"，让我们有了最初的自我约束的意识。人的天性本是自由散漫的，若没有自我约束，则如杂草般疯狂乱长。

　　自由从哪里来？从自信来，而自信从哪里来？从自律来。那什么是自律呢？著名心理医生斯科特·派克在《少有人走的路》中写道："所谓自律，就是以积极而主动的态度，去解决人生痛苦的重要原则。"在遇到挫折或坚持自己要做的事情的时候，要用乐观主动积极的态度去迎接，并按自己制订的计划，用强大的意志力去执行和解决问题。

　　事实上，自律是一个人对自己的控制。当一个人能够学会控制自己，用严格的时间表来安排自己的生活时，他很快就会变得非常自信，生活也会变得非常美好。自信，从自律开始。你要做一个自律的人吗？

心理学家给你的建议

怎么做才能成为一个自律的人？

1 掌控好自己的时间

控制良好的自律离不开时间的管理，如果现在的你对时间没有管理好，就要培养自己的自律意识。当你在玩游戏或者看电视的时候要给自己规定时间，在规定时间内可以尽情地玩，时间一到，就要自觉停止。

2 把事情做成习惯

什么叫作习惯？就是你一定要做的事，不做就难受。比如起床后，洗脸刷牙后才去吃饭，如果没有洗脸刷牙就吃饭，就会很难受，这就是习惯的力量。要想变得更自律，就要把事情一件一件养成习惯，当一切都成为习惯，事情就会变得很简单。

3 多给自己定个目标

所谓定个目标，就是给自己制订一个计划，这个计划的时间不要太长，要符合自己的实际要求，是自己可以做得到的。比如，今天要抽出点时间读书，早晨起来的时候要跑步，做一篇英语阅读，等等。

每天进步一点点

　　自信是人生道路上的灯塔，照亮着我们人生的坐标。自信蕴育着强大的力量，是一个人激昂向上的必需品。做一个自信的人，拥有"天生我材必有用"的气势，自信地对待遇到的每一件事情，使自己强大起来。

　　你今天对待事情足够自信吗？

省级演讲比赛

每 日 收 获

写下我的小故事

21 培养抗压力：学会有效面对压力

成 长 的 烦 恼

　　最近事情有点多：学的新知识有些难；过两天还有舞蹈

考级，也要抽时间多练习……内心无法平静，非常焦虑，有

时候做着这件事，心里却想着那件事，身心俱疲，甚至还失

眠了，半夜两点怎么也睡不着！总觉得自己内心憋得难受，

怎么才能有效地面对这些压力呢？

● 说说我的故事 ●

敢于面对，我是不会被压力打倒的！

失眠了……最近好多事情，压力好大啊！

从心理学角度来说，压力是心理压力源和心理压力反应共同构成的一种认知和行为的体验过程。通俗地讲，压力就是一个人觉得自己无法应对环境要求时所产生的负性感受和消极信念。

我们都知道，当我们面临压力的时候往往更容易陷入消极、气馁的情绪之中，这很正常。但是如果不能有效地面对这些压力，不仅对事情的发展没有好处，还会对我们的身心健康产生不利的影响。

"压力"存在于我们生活中的各处，学习、家庭、交际……方方面面都会有它的身影。压力伴随着每个人的一生，从出生到老去都会有压力的存在，只是压力的内容和形式不同。

其实，任何事物都具有双面性。只要正确地看待压力，把它当作一种磨炼，把它视为生活的组成部分，压力就会成为我们前进的动力。充分发挥压力的正效应，才能创造美好的未来。

心理学家给你的建议

怎么做才能有效地面对压力呢？

1 坚持锻炼身体

坚持锻炼身体是一种有效应对压力的办法。锻炼身体能帮你增强体质，更好地应对压力。在很多情况下，运动不仅是一种减压的方式，更是一种远离压力的有效途径。没有什么是比出一身汗更好的减压方式了。

通过跑步，感觉自己释放了好多压力啊！

2 放宽心态，不计得失

当你太过于计较得与失的时候，一定合产生有形或者无形的压力，而这种压力只会让你得不偿失。因此，你要学会放宽心态，"随遇而安"，当你的得失心没有那么大的时候，你所面临的压力自然而然就小得多。

放宽心态，不要被无形的压力打倒！

3 强化自己的认知

其实，对于现在的你来说，大多数的压力都来自你有限的认知，如果把你认为的压力放在成年人身上根本算不得压力。认知不是短时间就能强化的，你要做的是在压力中成长，在书籍中获取知识，在成年人那里吸取经验。

试试看从书中能不能找到自己想要的答案。

每天进步一点点

自信是人生道路上的灯塔，照亮着我们人生的坐标。自信蕴育着强大的力量，是一个人激昂向上的必需品。做一个自信的人，拥有"天生我材必有用"的气势，自信地对待遇到的每一件事情，使自己强大起来。

你今天对待事情足够自信吗？

省级演讲比赛

每 日 收 获

写下我的小故事

第五章

应用篇：

不断挑战，让自己变得内心强大

一有事情，我就很焦虑，担心自己做不好怎么办？

成长的烦恼

　　学校的兴趣小组组长要换届了，因为我加入的时间长，这方面也比较擅长，大家都推选我做组长。但是我的管理能力其实没那么好，所以接到任务后，我倍感"亚历山大"，心情非常焦虑，总担心自己哪里会做得不好。我该如何改善这种焦虑呢？

我可以很好地改善焦虑！

我该如何改善这种焦虑？

在日常生活中，很多人会因为担心做不好某件事情而无比焦虑，最典型的莫过于"考试焦虑"。不知道考题的难度，或者对自己的能力持怀疑态度，等等，这些都可能导致焦虑情绪。

很多时候，这种焦虑源于对自己的要求过于严苛。心理学研究表明，人一旦陷入完美主义的陷阱，就很难正确引导自己，反而越思考越焦虑。要知道，一味地担忧不仅不能解决问题，反而会拖慢你的脚步，导致效率低下。

凡事尽到自己最大的努力就够了，无须追求事事完美，真正优秀的人可以坦然面对失败，淡然面对成功。

我们需要做的就是认真分析自己，了解自己的能力，做自己力所能及的事，做有边界的完美主义者，而不是想当然地认为自己一定可以完美地完成所有任务，这样只会增加不安与压力。让我们疏解焦虑，理性评估自我，以努力但不强求的态度去对待事情吧。

心理学家给你的建议

怎样才能缓解遇事就焦虑的心理？

不打无准备之仗

如果你面对的是完全陌生的领域，焦虑感会加倍而来，那么你可以对即将发生的事提前做好准备，给自己预先做一定的心理铺垫或者寻求别人的帮助，这样能够大大缓解焦虑的情绪。

可以对即将发生的事情做好充足的准备，减少焦虑。

试着转移注意力

当你的大脑一直重复令你焦虑的事件，只会让情况更加糟糕。这时，你要做的不是以焦虑的状态处理问题，而是将注意力尽量转移到其他地方，做做运动，读书，出去散散步，等情绪稳定了再思考对策。

我可以试着转移注意力。

肯定自己，保持乐观

当焦虑来袭时，你可以反复告诉自己："没问题。""我可以对付。""静下来，肯定能想出办法。"也可以想想自己的闪光点，或想象成功的景象，肯定自己，恢复自信。

时刻肯定自己，保持乐观！

每天进步一点点

自信是人生道路上的灯塔，照亮着我们人生的坐标。自信蕴育着强大的力量，是一个人激昂向上的必需品。做一个自信的人，拥有"天生我材必有用"的气势，自信地对待遇到的每一件事情，使自己强大起来。

你今天对待事情足够自信吗？

省级演讲比赛

每 日 收 获

写下我的小故事

23 做事犹豫不决怎么办？

成长的烦恼

　　在体育课上，老师带领我们了解体育项目，如羽毛球、篮球、足球等。老师让我们自己选择这节课学习哪个项目，可是我看到这么多项目却不知道选择哪一个，觉得这个也不错，那个也可以。最后，整节课下来我也没有选出想学的项目。我不禁怀疑，难道我是一个做事犹豫不决的人吗？

都要下课了，我还没选出来……

大家选完之后别忘记去小米那里填表。

小米，我选羽毛球。

我选棒球！

下课铃

~丁零零——

这节课结束了，我还没有选出来……

皓皓，就剩一个篮球的名额啦！

我都不是很擅长，不知道学不学得会。

我真的拿不定主意吗？

我可以积极地改正自己犹犹豫豫的毛病！

难道我是一个做事犹豫不决的人吗？

一般来说，一个人做事情犹豫不决大概有以下几种：因害怕失败、承受压力或面对未知而犹豫不决；因为缺乏自信，怀疑自己的能力而犹豫不决；因受到过多保护，缺乏独立和决断能力而犹豫不决。你是因为什么而犹豫不决呢？不管是什么原因，只要你开始分析，就值得鼓励，因为一旦你开始思考这个问题，你就已经正视它，迈出解决问题的第一步啦！

每个人都会遇到这样的情况，特别是等你长大后，遇到这样的情况是再正常不过了，比如不知道该选择哪条路，做出什么样的决定。不要因为这种感觉而感到沮丧或自责，相反，把它看作一个机会，可以让自己更好地了解自己的需求。

用心倾听自己内心的声音，分析每个选项的利弊，不要让担心失败阻止你做出决定，勇敢地迈出第一步，相信自己的能力。而且，人生本就是充满变数和机会的旅程，我们永远有机会改变自己的方向和目标。

心理学家给你的建议

怎样才能做事不再犹豫不决呢？

1 了解自己最初的想法并进行选择

做一件事前，你要尽量了解清楚，明白自己的想法，清楚自己的目标，选择对自己的目标更加有利的方式。如果你没有办法选择，就让你内心的最初想法来帮你选择。

> 我要明白自己的想法，这样对自己选择目标将会相对明确！

2 询问一下别人的意见

如果你实在拿不定主意，可以问一下朋友或者同学，通过他们的分析，也许你的思路就打开了。其实，有些时候就差临门一脚，别人的话也许就是你的敲门砖。

> 皓皓，怎么了？

> 萱萱，我不确定最后那道题方法对不对，你能帮我看看吗？

3 合理地分析利与弊

"鱼与熊掌不可得兼"，这有时也是犹豫不决的决定性因素。你需要针对事情的结果做一下具体的分析，假设自己选择了其中一个结果会怎么样，对自己的帮助大不大，然后再考虑另一种选择的利弊。两者一比较，结果自然就明了了。

> 如果实在选择不定，可以进行比较，看哪个选择更有利一点。

每天进步一点点

自信是人生道路上的灯塔，照亮着我们人生的坐标。自信蕴育着强大的力量，是一个人激昂向上的必需品。做一个自信的人，拥有"天生我材必有用"的气势，自信地对待遇到的每一件事情，使自己强大起来。

你今天对待事情足够自信吗？

省级演讲比赛

每 日 收 获

写下我的小故事

24 非常在意别人对我的负面评价怎么办?

成长的烦恼

有一次课间,同桌指着一道数学题和我讨论。我正打算看题时,坐在前面的同学突然对同桌说:"他数学不好,你问他干啥?"虽然知道他在调侃我,但我还是耿耿于怀,一直到放学都闷闷不乐。我很伤心,我太在意别人的负面评价,该怎么办呢?

怎么啦？大老远就看到你不开心了？

今天在学校被同学调侃数学比较差了。

他是在跟你开玩笑呢。

而且最了解你的人是你自己啊，别人说的话总会有些片面的。

不要过度解读别人的意思！

对于别人的负面评价，有则改之，没有就当成一个玩笑，笑一笑就过去了！

有时候别人也是自己的一面镜子！

心理学家和你聊聊天

我可以很好地面对他人的负面评价。

听到别人的负面评价，我一直耿耿于怀。

　　很多敏感的人可能把别人的玩笑话过于当真，过于在意他人对自己的看法，想要尽力改变别人对自己的负面评价，从而失去了独立的思想，很难专注地做自己的事。

　　从马斯洛需求层次理论来讲，在意他人的负面评价，是渴望被肯定和尊重的表现，生活中几乎每个人都存在这种心理需求。但若过度在意，焦虑、烦躁等情绪就会主导你的大脑，产生心理负担。活在别人的评价中，是在为别人而活，而不是在为自己而活。

　　过度在意他人的负面评价，多出现在抗挫力差的人身上，往往表现为对自己的行为没有信心，或因为他人的评价而否定自我，很难整理好自己的情绪整装待发。如果具备面对负面评价的能力，那么他人的负面评价可能会为你开辟一些新思路，打破固有思维，负面评价在这时也是有价值的。

　　没必要因为他人的只言片语而影响自己的情绪，我们要做的是学会认识自己，接纳自己，行动起来，做最好的自己！

心理学家给你的建议

怎样才能不过分在意别人的负面评价呢？

释放自己的真实想法

对他人的评价非常在意，往往伴随着一定程度的自卑。当你和他人意见不合时，不要过分压抑自己的想法，多和朋友讨论，面对他人的负面评价，你也可以大胆地说出想说的话。

可以大胆地说出自己的想法！

不要过度解读别人的情绪

很多时候，因为别人随口一句话，你可能会较真一整天。别人是真的在贬低你、拉踩你吗？有时候也并非如此，他们可能只是开个玩笑。对此你却过分解读了，不仅让自己心情低落，还会影响你们之间的相处。试着控制你的脾气，多对自己说："别想太多！"

多对自己说："别想太多！

自我觉察，自我评价

如果对方说的确实是事实，你内心的羞愧多于生气，那不妨多进行自我觉察、自我评价，发现自己的优势，找到自己欠缺的地方，努力提升。当你足够强大，别人再多的言语也不足为患。

进行自我观察，做出自我评价，然后努力提升自己！

每天进步一点点

　　生活不是电视剧，难免会有困难、压力与挑战，只有在面对这些问题的时候不逃避、不气馁，正面面对挫折，在哪里摔倒就在哪里站起来，做一只打不死的"小强"，才能获得最后的胜利。

　　你今天战胜了多少困难与挑战？

每日收获

写下我的小故事

25 那这次失败后，自信心受到了很严重的打击怎么办？

成长的烦恼

　　前段时间，学校组织演讲比赛，我积极报名参加了。我利用课余时间做了充分准备，对自己充满了信心，但是，最终的比赛结果却不尽如人意。这次失败的经历使我灰心丧气，我再也不想参加任何比赛了。我很伤心，难道我是一个一遇到失败就想放弃的人吗？

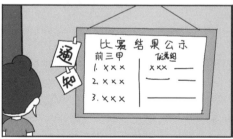

我是一个勇于面对失败，决不轻易放弃的人！

难道我是一个遇到失败就放弃的人吗？

当遇到失败时，大部分人都可能会感到沮丧和失望。有这样的情绪真的很正常，无须过度自责哦！但重要的是：失败并不代表你是个失败者。

失败并不意味着你没有能力成功，它只是生活中的一部分。每次失败都是一次宝贵的经验，它教会我们如何去改进和成长。成功之路并不总是一帆风顺的，它会有许多坎坷和起伏。

而且任何失败都只是一时的，它并不代表你的未来。你拥有巨大的潜力和才能，只要你保持努力和坚持，你一定能够实现自己的目标和梦想。

就算失败了也不要放弃。相反，应该从中学到经验教训，并寻找新的机会。请记住，成功需要时间和努力，它不会一蹴而就。每一步都是重要的，即使是小小的进步也值得庆祝。

每个人都是独一无二的，都有自己独特的天赋和潜力。不要让失败打击你的信心，相信自己，坚持努力，不断迈向成功的道路。

心理学家给你的建议

怎样在遇到失败后还坚持奋斗呢？

1 沉着冷静，分析失败原因

面对失败，不要慌张，你要冷静下来厘清思路，实事求是地分析为什么会失败，是主观原因还是客观原因？从原因出发寻求解决问题的方法，一切问题找到了源头就是走向成功的第一步。

> 演讲时，我到底为什么这么紧张呢？

2 学会暂时搁置

你要学会先离开厌烦的环境，暂时忘却不愉快，平复情绪。可以转移思想和注意力，做一些让自己开心的事情，比如体育锻炼、看电影、绘画、舞蹈等。当烦躁的情绪平复下来后，再重新分析，也许会有新的收获。

> 对于失败，我们可以先平复自己的情绪，稍后再重新分析。

3 再一次给自己树立起信心

你要坚信失败是成功之母，继续充满斗志地拼搏。即使眼前注定失败，也不能灰心，总结失败给自己带来的教训，下次决不在同样的地方跌倒。把这次的失败当作下次成功的垫脚石，让挫折恭顺于我们，做生活中的强者。

> 小米，你还记得妈妈跟你说过的"失败是成功之母"吗？

> 记得，妈妈。我不会轻言放弃的！

每天进步一点点

自信是人生道路上的灯塔，照亮着我们人生的坐标。自信蕴育着强大的力量，是一个人激昂向上的必需品。做一个自信的人，拥有"天生我材必有用"的气势，自信地对待遇到的每一件事情，使自己强大起来。

你今天对待事情足够自信吗？

省级演讲比赛

每 日 收 获

写下我的小故事

160

26 我经常羡慕其他同学怎么办?

成长的烦恼

班级的元旦晚会上，表演节目的同学神采飞扬，充满明星光环。而我像粉丝一样，坐在台下满眼崇拜，心里不禁想："大家吃一样的饭，上一样的学，怎么差距会这么大呢？"看到台上的同学，我有些羡慕，难道我不能和他们一样吗？

皓皓，你怎么提前出来了？

看他们表演得那么精彩，我好羡慕！

我感觉自己太没有艺术细胞了。

你跑步总还拿第一呢！

每个人擅长的东西不同而已。

运动会长跑比赛

嗯，你说得对。

我也有优秀的一面！我也有特别之处！

我要忽略自己不擅长的，追求自己擅长的，这样才不使自己迷失！

我也可以像其他人一样优秀！

我怎么跟其他人的差距这么大？

　　你因为羡慕其他同学在某个方面很出色，看到他们的闪光点，就觉得自己暗淡，并特别不自信。但是，你知道吗？每个人都有自己独特的才能和闪光点。

　　不要把自己和别人比较。每个人都有自己的成长节奏和特点，每个人都有可能在某个方面被别人羡慕，只要坚持努力，发掘自己的优势和兴趣，你也能在某个领域脱颖而出。在成长过程中你总会有失败、失落的时候，但这并不意味着你不够好，重要的是从中学习，不断提高自己。

　　而且，自信不仅仅来自能力的展示，更重要的是内心的坚定和对自己的肯定。相信自己有无限的潜力，看到自己在某一方面的长处，通过努力和坚持变得更加优秀。如果想要培养自己某方面的兴趣，可以多多尝试，勤加练习，功夫定不负有心人。

心理学家给你的建议

怎样才能摆脱羡慕，让自己变得更光彩夺目呢？

 欣赏自己的特别之处

在生活中，你要多关注自己所拥有的、热爱的东西，比如你热爱的运动、你的学习等，并把你的激情投入进去。找到自己的特别之处，并欣赏它，然后做最好的自己。

我觉得我打球也不赖呀！不说了，打球去！

2 认识到自己的不足并努力改变

如果你羡慕别人、嫉妒别人，那都是因为别人做得比你好，或者是自己有不足之处。所以，你要通过后期的努力来弥补自己的不足，使自己也成为这样一个优秀的人。当然有些东西也是不能改变的，比如，他长得比你好看，他长得比你高，他唱歌比你好听。因此，要做到择事而行。

小军好厉害呀，我跟他一比较，还差好多……我要更加努力！

3 不要过多地拿自己和别人作比较

如果你一直模仿别人令你羡慕的方面，羡慕别人的外表，那你永远战胜不了"羡慕"，只会坠入嫉妒的深渊。要知道每个人都是独一无二的，想要令人羡慕，不是与别人比较，而是在你能力的范围内做更好的自己。

老师说"每个人都是独一无二的"，我非常认可，我要在自己能力范围之内做到更好！

自信是人生道路上的灯塔，照亮着我们人生的坐标。自信蕴育着强大的力量，是一个人激昂向上的必需品。做一个自信的人，拥有"天生我材必有用"的气势，自信地对待遇到的每一件事情，使自己强大起来。

你今天对待事情足够自信吗？

每 日 收 获

写下我的小故事